宋善允　主编

图书在版编目（CIP）数据

带你看懂天气预报 / 宋善允主编. -- 北京 : 气象出版社, 2022.5（2024.1 重印）
ISBN 978-7-5029-7672-9

Ⅰ. ①带… Ⅱ. ①宋… Ⅲ. ①天气预报－普及读物 Ⅳ. ①P45-49

中国版本图书馆CIP数据核字(2022)第032922号

审图号：GS 京（2022）0467 号

带你看懂天气预报

DAINI KANDONG TIANQIYUBAO

宋善允　主编

出版发行：气象出版社
地　　址：北京市海淀区中关村南大街 46 号　邮政编码：100081
电　　话：010-68407112（总编室）　010-68408042（发行部）
网　　址：http://www.qxcbs.com　E-mail：qxcbs@cma.gov.cn
责任编辑：颜娇珑　邵　华　终　　审：吴晓鹏
责任校对：张硕杰　责任技编：赵相宁
封面设计：追韵文化
印　　刷：北京地大彩印有限公司
开　　本：889mm × 1194mm　1/32　印　　张：2.75
字　　数：50 千字
版　　次：2022 年 5 月第 1 版　印　　次：2024 年 1 月第 3 次印刷
定　　价：18.00 元

本书编委会

主　编：宋善允

副主编：曾　琮　张志刚　王亚伟

编　委：齐　丹　李　晔　梁　科　刘　慧

前言

preface

天气预报作为专业气象机构对大气未来两周内变化的科学预判和播报，已经成为百姓生产生活须臾不可或缺的基本生活品。随着经济社会的快速发展和人民生活水平的不断提高，人们对天气预报的需求不仅限于避害，趋利方面的需求也越来越大，可以说，新时代人民美好生活对天气预报的需要越来越旺盛。随着科学技术的飞速发展，天气预报的准确率越来越高，作用也越来越大。用好天气预报、充分发挥其趋利避害作用，让民众看懂、听懂天气预报是必要的，也是急迫的。

现在的天气预报，因其科学复杂性和传播便捷性并存，其播报用语中难免存在大量专业术语和不规范、不普及的时空描述内部用语，使天气预报不那么通俗易懂。比如，“概率预报”是什么意思，“局地”指的是哪里，“有时”是何时等。为了让公众能够更好地“看懂”天气预报，更好地接收到天气预报想传达的信息，让气象科技更好地为人民服务，中国气象局办公室组织编写了《带你看懂天气预报》一书。

本书内容以《气象地理区划规范》《国家级气象服务产品地理用语业务规定》《气象灾害预警信号发布与传播

办法》等为依据，对公众关注的天气预报热点问题进行解读。本书共分为三大部分，27 个话题。第一部分介绍了“天气预报是什么”，对现行天气预报业务进行了简要说明，并给出天气预报的制作过程，共含 7 个话题；第二部分介绍了“天气预报怎么理解”，将天气预报中常用的时间、地理、气象用语，气象灾害预警逐一说明，并告诉你卫星云图、天气雷达图并不是“高不可攀”，共含 15 个话题；第三部分介绍了“气象生活小妙招”，解读那些可能在生活中困扰过公众的“小疑惑”，共含 5 个话题。全书用极简的形式、幽默的文风，引领公众理解这些生僻的天气预报用语，以及天气预报背后的预测科学，助力公众解读天气预报。

本书由齐丹撰写基础内容，李晔、梁珂、刘慧提供基础材料并对稿件进行认真修改，曾琮、张志刚、王亚伟对稿件进行指导并提出了宝贵的意见，在此一并表示感谢。希望本书的出版，能为气象服务于民提供有益帮助，为普及气象预警知识、提高公众气象信息应用能力发挥最大效能，让公众能更加从容应对天气的变化。

中国气象局办公室主任：宋善允

目录
contents

气象生活小妙招

天气预报是什么

1. 你看到的天气预报

从昨天开始，南方迎来天气转折。大范围的晴天开始上线。今起直到 27 日，南方多地还可能会有 3～4 天的大晴天。这也将是进入到虎年以来南方范围最大、持续时间最长的晴天。在北方，今明两天东北一带还会有些零散的小雪天气。其他大部地区以晴朗为主，天气干燥。

相信这是你每天会看到或听到的天气预报，但是，这就是全部的天气预报了吗？其实，这只是整个天气预报流程中的最后一个环节——将预报结论传达给公众，也就是大家通过电视、广播、互联网平台或手机等移动终端看到、听到的《天气预报》栏目或信息。

那真正完整的天气预报是什么样的呢？它是一个从采集气象观测数据，对数据进行质量控制、加工分析处理，到运算数值预报模式得出自动化预报结论，再到各级预报员通过会商①讨论预报结论，最终达成共识，将预报结论和应用提示通过媒体平台或移动终端传达给大众的过程。是的，你没看错，现代天气预报不再是“夜观星象”或者“掐指一算”，而是一门充满科技感、时代感的科研和业务过程，通过科技的手段，让风云变得可测。

---

① 会商：各级预报员通过会议的形式，共同商讨预报结论的过程，有点类似医生会诊。

2. 大气运动的确定性和数值天气预报

大气运动既有可预报性，也存在不确定性。首先谈谈大气运动的可预报性和数值天气预报。一代一代气象学家研究发现，大气作为流体在较短时间内（大致为 14 天）的运动，遵循流体力学基本规律，它的未来状态主要是由现在的实况决定的，也就是说大气在 14 天内的运动变化存在前因后果关系，了解了“因”就可以预报“果”，这就是大气运动的可预报性。近代以来，随着气象精密监测技术和超算能力的飞速发展，科学家们对大气运动的物理过程和机理认识越来越深入，并且研制出了一套三维数理方程来表述和模拟这种因果关系，这就是我们常说的数值天气预报模式。

由此，把某一时刻全球气象观测数据（实况）代入数值天气预报模式，经过超级计算机高速运算，就能得出未来可预报时效时段内的天气变化结果，这就是数值天气预报。现在，数值天气预报已经成为了天气预报业务的基础和核心。

3. 大气运动的不确定性和概率预报

我们再来谈谈大气运动的不确定性和概率预报。大气、水等都是流体，自然界的流体运动都不是线性的，因而大气运动也包含了极大的不确定性。科学家们经过长期研究发现，简单外部环境影响约束下的短期内（约 14 天）的大气运动具有因果关系，也就是有确定性，可预报。大范围复杂环境影响约束下的长时间尺度（30 天以上）的大气运动，系统内前后状态之间不存在因果关系，也就是非线性，具有明显的不确定性，不可预报。这种时空尺度的大气运动与外部条件之间也是相互影响的耦合关系，具有典型的混沌体特征，外部施加一个微弱的扰动，经过时空传导就可能引发巨大的效应，这就是所谓的“混沌效应”。人们熟知的“蝴蝶效应”——南美热带雨林的蝴蝶扇动一下翅膀，就可能造成北美得克萨斯州的一场风暴——就是大气混沌特性的典型案例。但是大气运动的这种随机性和混沌性并不是完全不可预测，科学家们应用概率论研究大气运动发现，一定时段内大气平均状态与之前的状态和外部条件之间存在一定的概率关系，应用这种关系就可以预测未来时段大气的平均状态和极端情况发生的可能性，这就是**气象概率预报**。

天气预报中我们时常会听到：今天降水概率是 70%。这到底是什么意思？是今天 70% 的时间都在下雨吗？还是今天这个地方 70% 的区域会下雨？其实这些说法都不对。降水概率指的是这个地方今天某时段、某区域有 70% 的可能性会下雨。

天气预报作为一门预测科学，其理论依据是对大气物理过程的认识，现实基础是依赖数学的计算支撑，二者共同决定了天气预报的发展程度。换言之，大气活动具有可预测性，但也具有极大的不确定性，这也是用概率论解释大气运动的理论基础。能够接受、理解并用好概率天气预报，可以说是科技创新时代用户认知的一种跃迁，也是公众“天气素养”提升的一个重要标志。

4. 天气预报和气候预测

天气是指短时期（如几分钟到几天）内发生的大气现象，如雨、雪、冰雹、雷电、大风、沙尘、雾等，对这段时间内的某一地区或部分空域的天气变化所做出的预估或预告就是天气预报。如：

> 预计，11日白天到夜间，阴天有小雪，白天最高气温2 ℃，夜间最低气温-4 ℃，微风；12日阴转晴，最高气温8 ℃，最低气温-1 ℃，偏西风2～3级转偏南风1～2级。

这里预报的未来天空状况、气温、风就是天气预报的最基本内容。

气候是指较长时期内（从一个月到一年、数年、数十年甚至数百年或更长）气象要素（如温度、降水、风、日照等）以及天气现象的统计结果，即一个较长时间内的平均状况。**气候预测**就是根据过去气候的演变规律，推断未来某一时期内气候发展的可能趋势。从预测几十天以内的短期气候变化到预测万年以上冰期和间冰期的气候变迁，都属于气候预测的范畴。目前主要的气候预测方法分为统计学方法和动力学数值预报方法。

天气与气候都是大气运动产生的大气现象，在天气范围里，大气的运行主要靠自身内部的力量，这时利用大气动力学基本上可以描写运动的规律性。因此，在天气预报里动力模式可以作为主要预测工具。到了气候尺度，大气主要依靠外界能量的输入，冷、热源起了重要的作用，包括大气圈与水圈、岩石圈、冰雪圈、生物圈在内的能量与物质交换。因此，由于能量及其他一系列问题，气候就不只是大气现象，而是气候系统里物质与能量循环的产物。二者的关系就像个体与集体的关系，天气是个体，是人们看到的具体的天气现象，用瞬时值表示；气候是集体，是一段时期内相继发生的多次天气的总和，需要用到统计值才能描写它的特征，比如平均值、极值、变率、偏差等。

5. 现在的天气预报

天气预报最初是以天气学原理为基础，根据天气图分析做出来的。

1851 年，世界上第一幅正式的**地面天气图**在英国诞生。预报员将各地气象站同时观测的数据点绘在一张有地理信息的空白图上，通过人工分析气压、气温等要素，将天气系统反映在地面天气图中，据此外推出天气系统的演变和影响，对某一地区或某一地点做出天气预报。

20 世纪 20 年代，**高空探空仪**出现，使人类对大气的观测能力有了显著提高，人们可以观测到从地面一直到 30 公里高度的气温、气压、湿度和风等数据，从而构建出不同气压层的**高空天气图**。有了地面和高空天气图，就可以分析出天气系统的水平结构和垂直结构，再结合其过去的演变特征，对未来的变化趋势和影响做出预报。

进入 21 世纪以来，随着观测能力的提高和各国数值预报模式的快速发展，各种能看得见的**数值天气预报产品**

层出不穷。依托巨型计算机技术，现代天气预报技术与以往相比有了较大的不同，预报手段主要以数值天气预报为基础，预报员掌握和可利用的预报工具也已比传统的预报员可利用的工具多得多，而且技术更先进，预报精度更高、更准确。可以说现代天气预报员是站在数值天气预报的肩膀上做预报，他们已不再满足于只依靠传统的天气图预报方法来做预报，而是利用数值天气预报的结果，再结合卫星、雷达和其他监测信息，来参订数值天气预报的结果。因此，现在的天气预报能力比以往更强，预报准确率更高，预报时效更长，预报产品也更加丰富。现代天气预报员既要掌握数值天气预报模式的性能和特点，又要能驾驭多种资料的处理方法。只有具备了这些能力，预报员才能对数值天气预报的结果做出“准确”地订正，这个订正的结果就是最终的预报结论。

现代天气预报技术的发展走过了近 200 年历程，天气的秘密，早已从远古时代只有少数人掌握的“天机”，变成了今天每个人都可以通过学习掌握的一门科学，“天有不测风云”逐渐变得“一切尽在掌握”。

6. 天气预报制作过程

天气预报可以说是一项浩大的系统工程。一份完整的天气预报通常包括：温度、湿度、降水、风向风速、能见度、云量、天气现象等，几个简单的数字，其实凝聚了全国乃至全球数以万计气象工作者的劳动。简单说来，天气预报制作主要包括大气观测、数据分析、数值预报及天气会商几个步骤。天气预报发展到今天，也是一个人机交互的系统工程，即预报员和计算机互相配合、互相补位才能完成一次完整的天气预报。

首先，是各种气象资料的监测和收集。大气是个整体，要掌握大气变化的规律，就必须了解从地面到高空大气中尽可能多的信息。目前，我国已经建成包括 7 万多个自动气象观测站、230 多部天气雷达、7 颗风云气象卫星在轨运行的“地－空－天”立体观测气象监测站网，是全球最大的综合气象观测网。通过我国以及国际上共享的气象监测站网全天候、不间断地工作，可实时掌握大量气象实况监测信息。

预报员在这些实况数据的基础上进行分析，获取对“过去和现在”的初始状态的认识，做出天气形势的预报，这是预报“未来”的基础。这种预报天气的方法叫作天气图法，属于传统的预报方法。

现代天气预报比较先进的预报方法是数值天气预报法，即将海量的经过质量控制和同化分析的观测数据输送到计算机中，作为数值预报模式的“初始场”，通过高速电子计算机的计算求解描写天气演变的方程组，去进行多尺度、多时次、多模式集合的数值模式天气预报，结果是自动的、定量的。最后，预报员将根据经验对数值预报进行订正，并像医生“会诊”那样进行天气会商，将不同预报思路在一起综合商讨，得出天气预报结论和应用提示，并通过媒体向公众发布，就是大家看到、听到的天气预报了。

7. 天气预报到底准不准

“为啥下了一天的毛毛细雨天气预报要报中到大雨？”

“为啥我都淋成了‘落汤鸡’还报的小雨？”

……

类似这样的吐槽，你是不是也曾听过?

天气预报到底准不准? 目前我们国家的预报准确率到底是什么水平?

作为预测科学，天气的可预报性与不确定性并存，这也是预测科学最大的魅力所在。经过气象学家们的不懈努力，近 200 年来，气象学取得了飞速的发展。但大气运动是非常复杂的，我们对大气运动规律及天气现象发生机理的认知还是相当有限的。

大气运动的复杂性除了来源于自身，同时也受到陆地、海洋，植物、生物，以及外太空的太阳辐射、太阳风暴等因素的影响。“内因”和“外因”共同作用，构成了大气运动的不确定性。美国气象学家洛伦兹 1963 年曾经在一篇论文中形象地打了个比喻——“蝴蝶效应”，其原因就是蝴蝶扇动翅膀的运动，导致其身边的空气系统发生变化，并产生微弱的气流，而微弱气流的产生又会引起四周空气或其他系统产生相应的变化，由此引起一个连锁反应，最终导致其他系统的极大变化。另一方面，以目前的观测水平来看，人类对大气的观测也不可能做到全时空、全方位掌握，这就决定了先天性的不足——存在初始误差，导致不能完全真实地描述或反映大气的运动状态和性质，因此，对预报就更不可能做到百分之百准确了。

在不确定性的真实世界中，概率预报或许是一剂解药。概率预报是建立在多模式、多初值扰动的集合预报基础上，即根据不同的模式、不同的初始条件、参数等，对同一有效预报时间做了一组不同的预报结果。因为每一次观测都可能存在误差，任何误差都可能带来迥异的结果。概率预报则是将各种结果的集合和决策权完整地交到用户手中。同时，依靠对大量的历史雷达资料进行识别分析，提高对雷雨大风、冰雹等“小尺度”天气的预报能力，最大可能减小天气预报的不确定性。

既然天气预报的不确定性是无需争议的，那么该如何看待这种不确定性的体系下提供出来的可预测结论，预报准不准到底该如何评说呢?

其实，天气预报准不准，也要看**检验标准**。比如暴雨的定义，气象学的规定是 24 小时降雨量为 50.0～99.9 毫米的降雨，而公众往往认为是“下得猛烈”的急雨，这就造成了理解上的偏差。事实上，从气象行业标准来说，我国的天气预报准确率，近年来已经得到了快速提升，24 小时晴雨预报准确率高达 86%，24 小时台风路径误差小于 70 公里，创造人员“零伤亡”的“默戎奇迹”震惊中外……毫无疑问，**准确和及时**是对天气预报最直观的判定标准。同时，科学理解预报结论，并做出趋利避害的最优选择才是探讨预报准确率的终极价值。

天气预报怎么理解

8. 阴、晴，还是多云——云知道答案

明天白天，晴，最高气温 18 ℃，西北风 2～3 级。明天夜间晴转多云，最低气温 15 ℃，东南风 1～2 级。

天气预报中常常出现晴、晴转多云、晴间多云、多云转阴、阴等词语，都与云量相关，他们的区别是什么？

在气象观测中，用云量表示云遮蔽天空视野的程度，一般用百分比来表示，记录为总云量有几成。比如，总云量 10，表示满天都是云；总云量 0，则表示万里无云；而总云量 4，表示天空中的云量占整个天空的 40%。

在天气预报中，天空状况如何，是否有云，以及云量大概多少，一般就用“晴天”“少云”“多云”和“阴天”这样的词语来描述。气象国家标准《天气预报基本术语》（GB/T 35663—2017）中规定：晴，表示天空总云量

0～2 成；少云，表示天空总云量 3～5 成；多云，表示天空总云量 6～8 成，阴，表示天空总云量 9～10 成。

以人的视觉来判断，晴天时，碧空如洗，万里无云或仅有少量积云，“蓝蓝的天上白云飘，白云下面马儿跑”就是晴天的写照；多云时，云层遮盖大部分天空，云层多为积云或范围不大的层状云，阳光可透过云层照射到地面；阴天时，有大范围层状云覆盖天空，对透光率影响较大，一般看不到太阳，有种“天青色等烟雨，而我在等你”的郁郁寡欢之感，而当浓厚的积雨云来的时候，漫天黑云，则充满了“黑云压城城欲摧”的末日恐怖感了。

此外，我们还经常听到晴转多云、晴到多云、晴间多云，这些说法又有何不同呢?

一般来说，晴转多云主要是指预报时段里先出现晴天，后逐渐转为多云，侧重于天气转变过程，意味天气要发生变化。晴到多云则说明天气状况相对稳定，始终在“晴”与“多云”这个区间内。而晴间多云指多数时间为晴天，间或有云，少部分时间云量增多。

9. 读懂天气预报中“风的语言”

预计，今天夜间到明天白天，晴转阴，西北部地区有小雨，北转南风 2～3 级；今天夜间最低气温 19 ℃，明天白天最高气温 24 ℃。

这一段预报中，你能读懂“风的语言”吗?

天气预报中关于风的用语，主要涉及风向、风速和风力（风级）三个方面：

风向：指风的来向。比如这则预报中的“北转南风”，则表示风从北边吹来转为从南边吹来。风向一般用 8 个方位来表示。

风速：以“米 / 秒”为单位，观测上用地面以上 10 米高度处两分钟的平均风速来表示。

风力（风级）：指风的强度。风力大小是用风级来表述的，风级是根据风对地面（或海面）物体的影响程度确定的。

风速和风级之间存在一定关系。英国人蒲福于 1805 年根据风对地面物体影响程度定出了风力等级，来估计风速的大小。两百多年来几经修订补充，目前已增至 19 个级别。

风力等级表

风级	名称	平地上离地 10 米高处的风速（米 / 秒）	陆地地面物象	海面波浪
0	静风	0.0～0.2	静，烟直上	平静
1	软风	0.3～1.5	烟示风向	微波峰无飞沫
2	轻风	1.6～3.3	感觉有风	小波峰未破碎
3	微风	3.4～5.4	旌旗展开	小波峰顶破裂
4	和风	5.5～7.9	吹起尘土	小浪白沫波峰
5	劲风	8.0～10.7	小树摇摆	中浪折沫峰群
6	强风	10.8～13.8	电线有声	大浪白沫离峰
7	疾风	13.9～17.1	步行困难	破峰白沫成条
8	大风	17.2～20.7	折毁树枝	浪长高有浪花
9	烈风	20.8～24.4	小损房屋	浪峰倒卷
10	狂风	24.5～28.4	拔起树木	海浪翻滚咆哮
11	暴风	28.5～32.6	损毁重大	波峰全呈飞沫
12	飓风	32.7～36.9	摧毁极大	海浪滔天
13	—	37.0～41.4	—	—
14	—	41.5～46.1	—	—
15	—	46.2～50.9	—	—
16	—	51.0～56.0	—	—
17	—	56.1～61.2	—	—
18		≥61.3		

在上面这则预报中，风力 2～3 级意味轻风到微风的感受，树叶会随风摆动，旌旗也会随风招展。

常见的还有 4～5 级风，4 级风会吹起地面上的尘土，而 5 级风就足以让我们“风中凌乱”了。6 级风，又称为“强风”，人在强风中举伞行走会感到非常艰难。中国短跑运动员苏炳添 100 米亚洲纪录是 9 秒 83，速度是 10.17 米 / 秒，相当于 5 级风速，而 6 级风，则比“苏神”跑得还快。

如果出现 6～7 级风，气象部门就要发布**大风蓝色预警信号**了，意味着这种天气已经不能在广告牌、临时搭建物下停留。出现 8～9 级风，会肉眼可见“风吹大树断，屋顶飞瓦片”，气象部门会发布**大风黄色预警信号**，需取消露天活动和高空作业。出现 10～11 级风，会出现墙倒屋塌，树木连根拔起……这种情况多发生在台风活动期间，陆上比较少见，气象部门会发布**大风橙色预警信号**，建议停课，居家不要外出。出现 12 级以上的风，气象部门会发布**大风红色预警信号**，需要停业停课，尽可能呆在防风安全的地方。

风向转变：风向未来将发生 90° 或以上的转变，在风向的预报中就要加“转”字。例如在这则预报中，“北转南风”意味着风向发生了 180° 的转变。

此外，我们还经常会提到阵风。一般情况下，当瞬间或短时间内出现风力较大的风，会用“阵风”来表述。预报阵风的风力要高于平均风的风力，如预报“风力 5～6 级、阵风 7 级”，前者是指平均风力的预报，后者是阵风风力的预报。

亚里士多德曾说，风是地球的呼吸。如此诗意的表达恐怕仅限于 5 级以下的风。对于日常生活来说，如果出现平均风力达到 6 级及以上的大风，就不适合外出了，并且建议遵循当地气象部门最新发布的大风预警信号的防御指南。

10. 阵雨和间歇性降水是一个意思吗

不是。

按降水性质，降水可分为连续性降水、阵性降水、间歇性降水和毛毛状降水。

连续性降水，指雨或雪不间断地下，强度变化不大，一般时间长、范围广，降水量也较大。

阵性降水，指比较短暂的降水，开始与终止时间都比较突然，且降水强度变化很大。

间歇性降水，则更像是“多次阵性降水”。

那么，阵雨和间歇性降水主要区别是什么呢？

首先，从性质上看两者不同。降水的性质多由云的属性来决定。阵性降水多来自对流性强的对流云层中，降水具有骤降、骤止、变化大的特点；而间歇性降水则来自比较稳定的层状云，降水时有时无，或虽未停止但强度时大时小，在降水停止或强度变小的时段内，天空和其他要素没有什么显著变化。

其次，从时间上看也有不同。阵性降水是一阵，也可理解为一次性；间歇性降水是一种高频次的阵性降水，维持时间可短可长。

可见，间歇性降水有利于缓解干旱。这是因为在降水暂停的间隙，更有利于水分在土壤中的下渗和土壤水的重新分布，降水更容易进入土壤深层。因此在实际预报中，如果提到间歇性降水，首先意味着降水量整体偏小，一般中雨以下量级；其次意味着对干旱的缓解有一定的帮助。

11. 你认为的暴雨是真的暴雨吗

“天气预报说有小雨，我出门就没带伞，谁知道雨会这么大！”

“天气预报说今天有暴雨，但这雨下了一天了也不大呀！”

……

诸如此类的关于天气预报准确率的调侃，你是不是也非常眼熟?

其实，说到降雨预报准确率，首先要明确的一个定义是降雨量的等级划分问题，就是何为小雨，何为暴雨?

国家标准《降水量等级》(GB/T 28592—2012)中规定，雨量等级是根据24小时降水量来划分的。

微量降雨(零星小雨)：24小时内降雨量小于0.1毫米的降雨过程。

小雨：24小时内降雨量0.1～9.9毫米的降雨过程。

中雨：24 小时内降雨量 10.0～24.9 毫米的降雨过程。

大雨：24 小时内降雨量 25.0～49.9 毫米的降雨过程。

暴雨：24 小时内降雨量 50.0～99.9 毫米的降雨过程。

大暴雨：24 小时内降雨量 100.0～249.9 毫米的降雨过程。

特大暴雨：24 小时内降雨量大于或等于 250 毫米的降雨过程。

注意，是 **24 小时总降水量**，所以，那种虽然下得猛烈、让人随时准备洗澡的“暴雨”，如果持续时间很短，24 小时降水量达不到 50.0 毫米，在气象学上也不能称为暴雨；而虽然可能只是打湿外套的“小雨”，如果降雨时间很长，24 小时降水量累计起来超过了 50.0 毫米，那就成为了名副其实的暴雨了。

可见，科学看待预报结论，需要我们首先了解天气术语和标准，才能更好地理解预报，用好天气预报。

12. 降雪量和积雪深度的关系

局部高山地区有暴雪，累计降雪量2～5毫米、局地可达6～12毫米，新增积雪深度1～4厘米、局地可达6～10厘米。

这份报文中，提到的降雪量和积雪深度有何区别？它们是一回事吗？

降雪量是24小时内的降雪融化成水后，再用雨量筒测到的水的深度。所以降雪量其实是相应的“降水量”。降雪量单位为“毫米”，按照降雪量等级划分标准，可将降雪等级划分为如下几种：

微量降雪（零星小雪）：24小时内降雪量小于0.1毫米的降雪过程。

小雪：24小时内降雪量0.1～2.4毫米的降雪过程。

中雪：24小时内降雪量2.5～4.9毫米的降雪过程。

大雪：24 小时内降雪量 5.0～9.9 毫米的降雪过程。

暴雪：24 小时内降雪量 10.0～19.9 毫米的降雪过程。

大暴雪：24 小时内降雪量 20.0～29.9 毫米的降雪过程。

特大暴雪：24 小时内降雪量大于或等于 30.0 毫米的降雪过程。

积雪深度是测量积雪表面到地表的垂直深度，单位为“厘米”，它是一个随着积雪的加深不断累积变化的数值。简单说就是计算雪堆积了多厚。

可见，积雪深度和降雪量是两种不同的测量降雪大小的方法。降雪量与积雪深度，隆冬时节通常可按照 1∶10 到 1∶15 的比例换算。这个比例并不固定，而是随着雪的干湿程度变化的。

近年来，中央气象台应用统计方法，综合考虑大气温度、水汽垂直分布以及垂直上升运动等影响因子，构建了积雪深度预报模型，从而制作出新增积雪深度客观预报产品，并向公众发布新增积雪预报，和降雪量一起，共同表征降雪过程的大小。

13. 关于天气预报中的“时间”问题

所有的天气预报，都涉及预报时效的问题，也就是天气预报的“有效期”。那么短时到底有多短？预报中常提到的“白天”“夜间”，又是指的是哪个时间段？

根据预报时效长短，天气预报通常分短时临近预报、短期预报、中期预报、延伸期预报等。

短时临近预报：时效在0～12小时的预报，其中0～2小时称为临近预报。主要依据雷达监测、卫星探测信息，对局地强风暴系统进行监测，预报未来的天气动向。

短期预报：时效在3天以内的预报。预报的主要要素有天空状况（晴、多云、阴天等）、天气现象（雨、雪、霜、雾、雷电等）、风向风速、最高最低气温等。

中期预报：未来4～10天的天气预报。主要预报内容有气温、降水趋势及主要天气过程等。

延伸期预报：中期预报的延伸，特指11～30天的天气预报。

除了以上时效的天气预报外，我们还有时效为月、季、年、数年等更长时段的气候趋势预测产品，多为农业生产、政府等相关决策部门、重大社会活动，以及专业用户提供气象决策服务产品和科学依据。

在天气预报业务中，一般以早 8 点（08 时）和晚 8 点（20 时）作为分界。所以，今天白天是指 08 时到 20 时的 12 小时；今天夜间是指当日 20 时到次日 08 时的 12 小时；白天到夜间指的是当日 08 时到次日 08 时。

此外，还有一些预报常用时段，如凌晨，指 03—05 时；早晨，指 05—08 时；上午，指 08—11 时；中午，指 11—13 时；下午，指 13—17 时；傍晚，指 17—20 时；半夜，指当日 23 时至次日 01 时；上半夜，指 20—24 时；下半夜，指次日 00—05 时。

14.“百年一遇”为何年年遇

近年来，随着全球变暖，极端天气气候事件频繁发生。每出现一个极端天气事件，媒体总喜欢用“百年一遇”“千年一遇”来形容。殊不知，专业领域的“百年一遇”和媒体口中的“百年一遇”，并不是同一个概念。

生活中，通常我们说百年一遇、千年一遇，类似成语“千载难逢”或“百年不遇”，表达一种罕见现象。但在专业领域，**“百年一遇”并不是表示十分罕见，而是应用某种计算方法，通过一个比较长的历史记录数据来推算极端事件的可能性的概率化表达。**

“百年一遇”最初起源于水文学，是关于洪水重现期的一种解释方法，并不是100年只发生一次的意思，而是任意一年内洪水有百分之一的发生概率。同理，“千年一遇”意味着千分之一的发生概率。“N年一遇”通常指在统计上的回归周期，即每一个“N年一遇”事件都对应一个事件发生的值，如降水的百年一遇，对应水平可能是每小时 200 毫米的降水。除了降水、洪水等有“N 年一遇”的分级，干旱和高温等也有“N 年一遇”的分级方式。

可见，“百年一遇”其实是个概率术语，是为了表达发生概率很小的意思，仅表示一种不确定性，即即使今年发生了，明年后年也可能再次发生。所以，百年一遇的降水，更好的表达应当是 1% 概率的降水。

15. “局部地区”到底在哪儿

“局部地区到底在哪里？为什么雨总是下在那里？”

这是个调侃天气预报的古老笑话了。当一个城市出现“东边日出，西边雨”的天气时，传统的天气预报往往无法做出“局部”到底在哪儿的预报。

局部地区是指在预报区域内的小范围区域，一般是低于预报面积 30% 的区域。

相应的，大部地区，指占该区域面积的 60% 以上；部分地区，指面积为该区域的 30%～60%。

为什么会出现局部地区降水？局部地区就没法明确标注出来吗？这要从局部地区常伴的天气——强对流天气说起。

夏季午后，地表受太阳辐射被强烈加热，近地面暖湿气流被迫抬升，到达高空遇冷饱和，形成降水云团而产生降水并伴有雷电。同时，由于地表受热不均，造成局地温差，垂直热对流的局地性更强。因此，降水发生的范围很小，往往在短暂的雷电骤雨之后，瞬时雨过天晴。当“局部地区”的空气满足了特定的湿度条件，热力抬升作用，“局部地区”就会出现雷雨大风或者冰雹等强对流天气了。这些小尺度天气，变脸系数高，船小好调头，难以捕获。打个比方，类似于往地上泼水，明明知道地上肯定会淋湿，但是要确定具体泼出几个水印，都在哪里，大小如何，是非常困难的。就像江河湖海中的波浪，我们能报准一次次波浪的波峰和波谷，但是波浪上的小浪花却没有办法准确捕捉。

那么，我们如何科学和客观地传递这样的信息呢？天气预报找到的解决办法就是局地和有时，其背后是我们现实存在的预报局限的问题，也反映了人类科技的局限。但是随着科技的进步，我们预测局地“小浪花”的能力也在提升，关注临近的滚动预报，以及智能网格预报——将预报网格做到现行技术内的最精细——可以弥补对“小浪花”的捕获程度。但是，没有最小的浪花，只有更小的浪花，消灭“局部地区”，依然任重道远。

16. 气象地理分区一网打尽

常收听、收看天气预报的你，当听到西北地区东南部、西南地区东北部等这些气象地理专有名词，你能迅速反应出天气预报所指的具体位置吗?

2021 年 12 月 30 日，中国气象局重新印发了《气象地理区划规范》，将中国陆地气象地理区划分为地区区划（共分三级）、特定区域区划和流域区划三类，并规范了各级区划的名称和所辖范围，目的就是让天气预报更容易被大众看得懂、用得上。

一级地区区划是将中国陆地划分为 10 个地区，分别为华北、东北、华东、华中、华南、西南、西北和内蒙古、西藏、新疆地区。

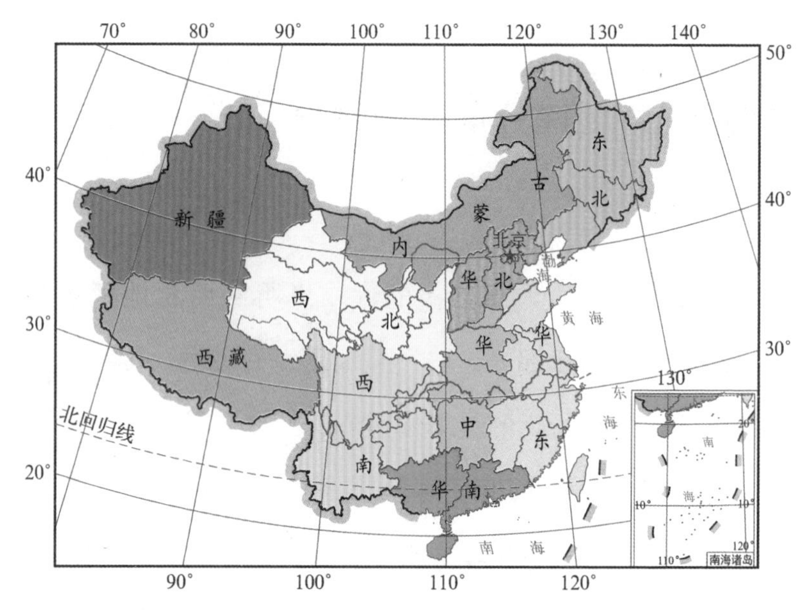

中国陆地气象地理一级地区区划图

中国陆地气象地理一级地区区划及所辖省级行政区

序号	分区	省级行政区
1	华北地区	北京、天津、河北、山西
2	东北地区	辽宁、吉林、黑龙江
3	华东地区	上海、江苏、浙江、安徽、福建、江西、山东、台湾
4	华中地区	河南、湖北、湖南
5	华南地区	广东、广西、海南、香港、澳门
6	西南地区	重庆、四川、贵州、云南
7	西北地区	陕西、甘肃、青海、宁夏
8	内蒙古地区	内蒙古
9	西藏地区	西藏
10	新疆地区	新疆

二级地区区划是直接采用各省级行政区，分别为 23 个省、5 个自治区、4 个直辖市、2 个特别行政区。

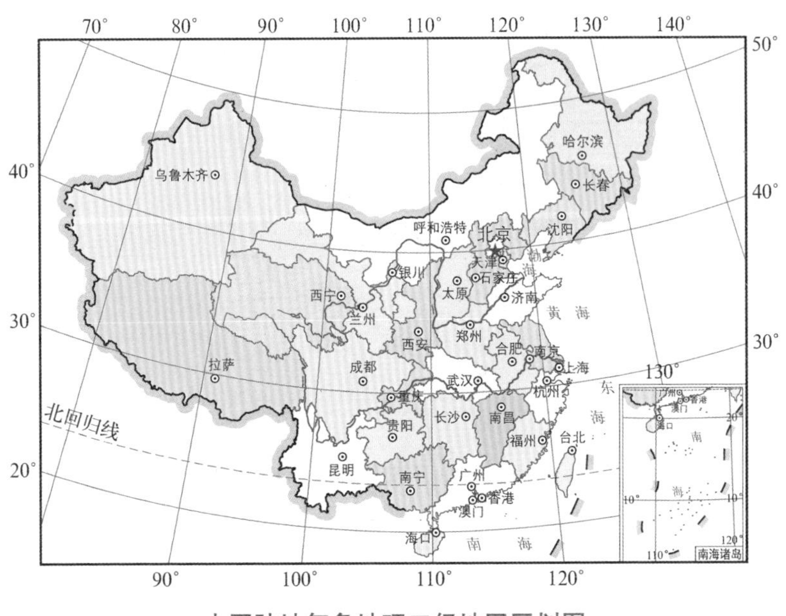

中国陆地气象地理二级地区区划图

三级地区区划是按照东西、南北方位，结合当地通识的区域划分和天气气候特征，将各省（自治区、直辖市）划分若干方位区，以“省（自治区、直辖市）+方位”方式命名，如“北京北部”。其中，省内南北向分为三个区的，自北向南依次为北部、中部、南部；两个区的依次为北部、南部。东西向同理。

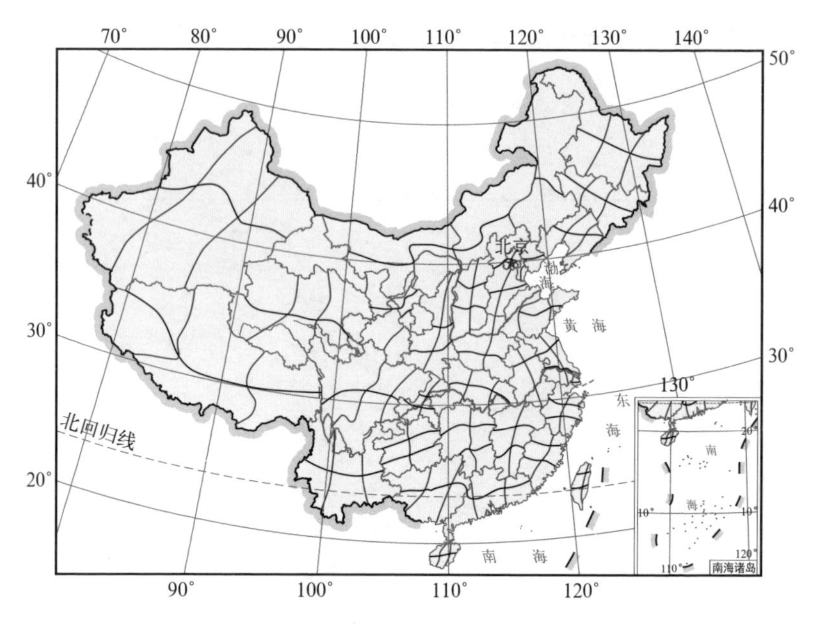

中国陆地气象地理三级地区区划图

（红色线为东西向分区，紫色线为南北向分区）

特定区域区划是指气象服务中长期使用并广为接受的常用地理区划，总计 11 个地区，分别为北方地区、南方地区、中东部地区、东部地区、长江中下游地区、青藏高原地区、华西地区、黄淮地区、江淮地区、江南地区和江汉地区。

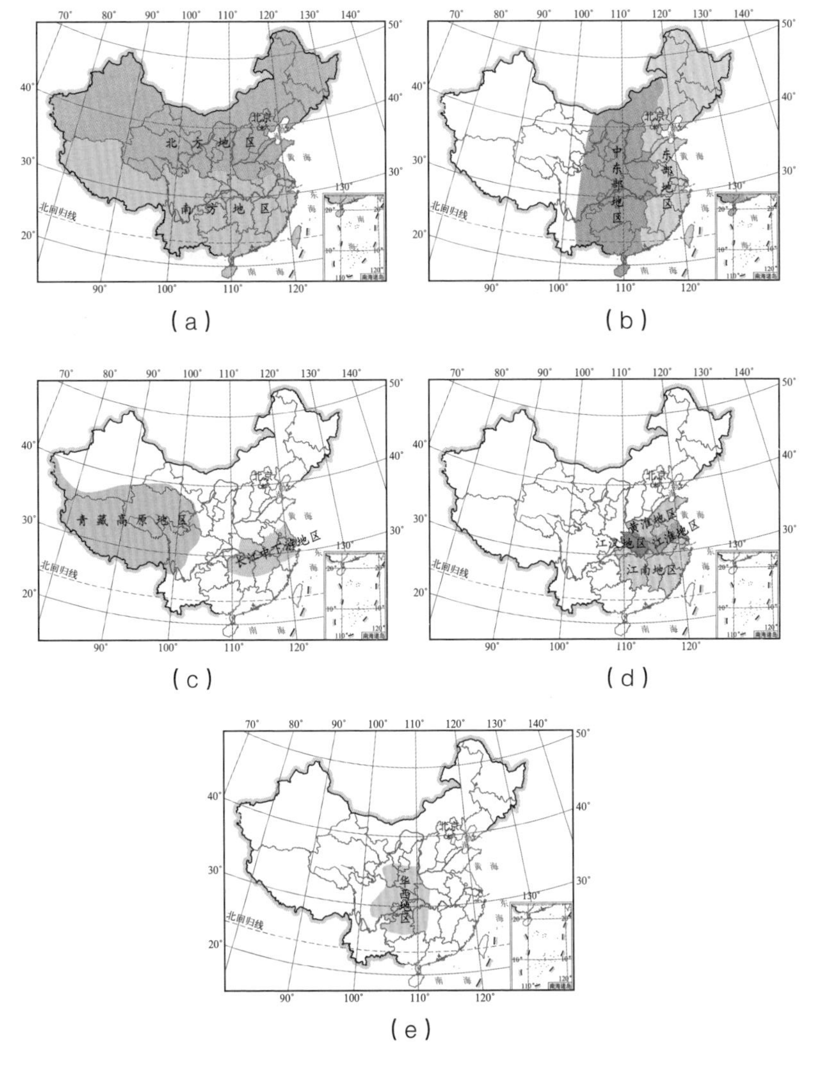

全国气象地理特定区域区划图

（a）北方地区、南方地区；（b）中东部地区、东部地区；（c）青藏高原地区、长江中下游地区；（d）黄淮地区、江淮地区、江南地区、江汉地区；（e）华西地区

流域区划将中国河流划分为七大流域，分别为长江（含太湖）、黄河、珠江、淮河、海河、辽河和松花江流域。各流域区划还有二级流域，如长江流域分为长江上游、中游和下游。

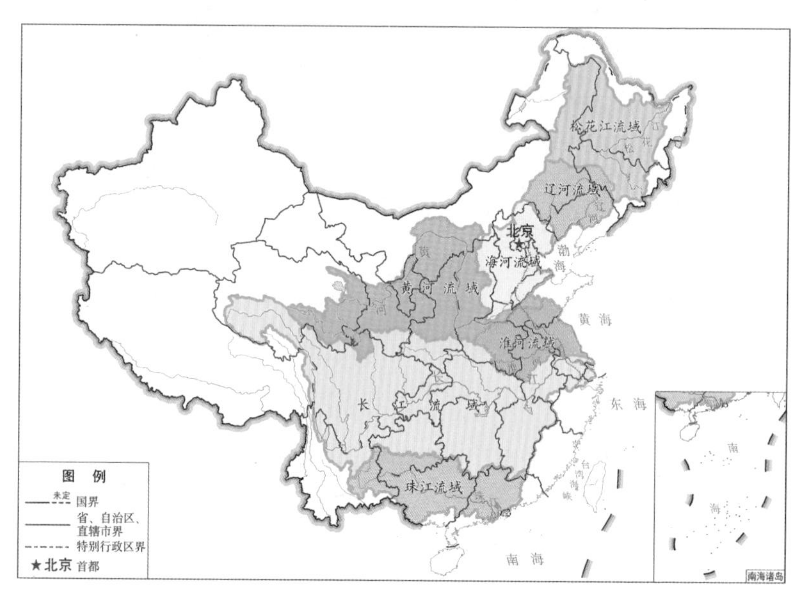

全国七大江河流域分布图

长江流域分布图

黄河流域分布图

珠江流域分布图

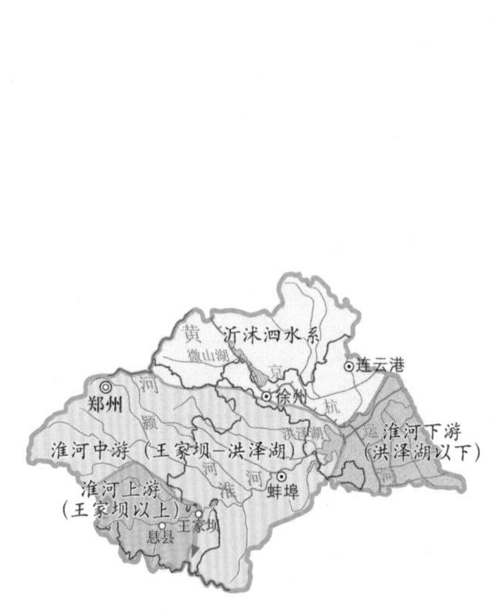

淮河流域分布图

海河流域分布图

辽河流域分布图

松花江流域分布图

17. 气象地理区划用语——致广大而尽精微

在中国气象局印发的《国家级气象服务产品地理用语业务规定》中提到，气象服务产品应遵照《气象地理区划标准》中的区划名称，同时充分考虑用户需求，在统一规范的原则下灵活运用。

在现行的天气预报语言中，其实已经悄悄地发生了变化。例如，华北北部、西北地区东部这些词已经不像原来那么频繁地出现了，取而代之的是大家熟悉的地名。比如，冷空气主要影响的地区是北京、内蒙古、河北、山西等地，而非直接用华北地区，即优先使用地区区划中二级和三级区划名称。

有时，天气影响面积很大，涉及省份较多、省份名称太长不便于传播，就会用他们的“平替”——省简称来代替，比如京津冀晋豫鲁等地。有时，影响区域很小，以前我们常用如甘肃东部等字眼，而现在则会用甘肃的庆阳平凉一带这样的表述，甚至对于当地则可以按照当地的习惯说陇东一带。特殊情况可根据服务需求使用一级区划和特定区域区划名称，如北方地区、中东部地区等。

看得出来，无论是影响较大的大范围天气过程，还是小区域的精准预报，气象地理区划术语的改变，都在向着“致广大而尽精微”努力。

18. 如何看懂台风预报

今年第 22 号台风“雷伊”（强热带风暴级）已于昨天晚上减弱为热带风暴级，今天早晨 5 点钟其中心位于广东省珠海市偏南方向大约 230 公里的南海北部海面上，就是北纬 20.2°、东经 113.3° 的位置，中心附近最大风力有 8 级（18 米 / 秒），中心最低气压为 1004 百帕，七级风圈半径 150～300 公里。预计，“雷伊”将以每小时 30 公里左右的速度继续向东偏北方向移动，今天白天将减弱消散。

这是一份台风预报，报文中给出了台风“雷伊”当前的位置和强度，以及未来的路径预报。那么，台风是如何定位、定强的?

台风的定位主要是台风中心位置的确定，目前是依靠雷达、卫星标定出来的。

台风的定强主要是看台风中心附近最大风速值的大小。

根据台风中心附近风力大小，我国把热带气旋划分为6个等级：热带低压级（6～7级）、热带风暴级（8～9级）、强热带风暴级（10～11级）、台风级（12～13级）、强台风级（14～15级）和超强台风级（16级或以上）

因此，台风定强就是通过最大风速的确定来标定的。目前，基于卫星图像上的台风云型特征定强技术是各海域预报中心采用的主流定强方法。

台风的运动非常复杂，受副热带高压、西风带、引导气流等多种因素影响，加之在海洋上观测站稀少等原因，台风路径预报仍是预报界的难点。目前，我国24小时台风路径预报误差基本在70公里左右，基本达到了国际先进水平。

19. 天气雷达图应该怎么看

雷达回波图可以帮我们了解降雨系统的强度、大概位置和移动方向，是临近预报的有力参考工具。可以说，用好天气雷达图，你也能“定制”属于自己的天气预报。那这样一张五颜六色的雷达图应该怎么看呢？记住一句顺口溜——蓝云绿雨黄对流，红得发紫强对流，能帮你在关键

雷达回波图

的时刻从容应对。

在雷达图上，从蓝色到紫色的渐进变化，代表回波强度由小到大（数值越高代表降水强度越大）。一般而言，蓝色回波表示当地被降水云系笼罩，绿色回波代表当地正沉浸在绵绵细雨之中，这种蓝绿的配色就像一碗“紫菜蛋花汤”，意味着雨会下得比较平缓；黄色和红色回波为主的图，犹如“西红柿炒鸡蛋”，意味着雨会下得非常剧烈，降水强度将达到暴雨或大暴雨；而紫色回波区域，则意味着可能出现伴有雷电大风或者冰雹等更剧烈的天气。

识别了正在发生的强对流天气，那如何判断系统未来的移动趋势，做到“惹不起、躲得起”呢？降水系统的移动速度和方向与地形密切相关，若在平地，强对流系统的移动方向和速度就不会发生太大变化。我们可以参考中央气象台网站（www.nmc.cn）或者“艾天气”小程序发布的每 10 分钟更新一次的天气雷达图，结合目前所在的地理位置及雷达回波的运动趋势，大致判断未来的移动方向，来“定制”自己的天气预报。不过，大气瞬息万变，天气系统的生消及强弱变化是一个复杂的科学问题，需要根据地面实况、雷达图、数值预报等专业工具综合判定。

因此，在自己给自己做预报的同时，也不要忘了关注本地气象台发布的短时临近预报及预警信息，才能有效做到趋利避害。

20. 卫星云图除了看云，还能看什么

卫星云图是绕地球运行的卫星在几百到几万公里的高空所拍摄的云层顶部的图像。其中会滚动的白色区域表示地球上空云层，晴空区与云雨区之间的过渡带通常为深灰、灰、浅灰色云系，颜色的深浅表示不同厚度的云。

卫星云图

除了看云，预报员还能通过云的特征形态判断哪些是降水云系，冷暖空气在哪里交汇，哪里有高压、低压等天气系统。特别是台风的生成、发展和移动等，都可以通过卫星云图清晰地捕捉到。此外，在云图上还能看到大范围

的雾、沙尘暴及其移动。在高分辨率的卫星图上，还能看到积雪和雪灾、大范围水灾、海洋环境、干旱，甚至可以监测植被生长和森林火灾。气象卫星广泛应用于数值预报、气候预测、环境监测、生态监测等领域。

21. 从“城市看海”说到“气象风险”预报

每到汛期，都会有不少城市因受强降水引发严重内涝变身“汪洋大海”，“城市看海”一定是强降水的“锅”吗？规避这种次生灾害的办法到底是什么呢？

> 受强降雨的影响，预计9月12日20时至9月13日20时，浙江东部和北部、江苏南部、上海等地的部分地区有发生渍涝的气象风险。其中浙江东部和北部、上海南部的局部地区发生渍涝的气象风险高。易形成城市内涝和农田渍害，需加强防范。

这是一则《渍涝风险气象预警》，报文指出：浙江东部和北部、上海南部的局部地区发生渍涝的气象风险高，易形成城市内涝和农田渍害，需加强防范。

与常规的天气预报不同，这是一份“风险预警”。风险，即不确定性，意味着灾害发生存在一定的潜势[①]，如果潜势较大则会产生较大威胁。从风险管理的角度说，越早发现并采取措施，则灾害造成的损失和影响就会越低。类似的，还有《地质灾害风险气象等级预报》《中小河流洪水气象风险预警》《山洪灾害气象预警》，给出的都是气象引发次生灾害的可能性。这类预报有一个共同的特点，即除了降水作为灾害诱发的主因之外，还涉及下垫面属性，即“承灾体”的承受力问题。比如城市内涝中，城区地势四周高、中部低，就存在排水防涝的天然短板，易形成内涝。地质灾害的发生，也涉及地形地貌、地质构造的问题，例如泥石流就是发生在地势陡峻、流域面积大且有大量的松散物质的区域，如果短时间内有大量的降水就会造成严重的泥石流灾害。因此，这类涉及多学科交叉领域的“风险预警”已经从“天气预报”过渡成了“影响预报”，更有利于我们对自然灾害的发生做出客观的研判和决策。

---

① “潜势”一词意味着潜在的、隐藏着的、具有可扩展性的、灵活性的一种势能。

22. 从“默戎奇迹”看气象灾害预警

2016 年 7 月 17 日上午，湖南省古丈县默戎镇普降暴雨，诱发了山洪地质灾害，洪水裹挟着大量沙石从山上倾泻而下，多间房屋瞬间被泥石流吞没……按照以往的经验，人员伤亡不可避免。不久，现场反馈的消息令人意外又振奋——当地 500 余名村民在灾害来临前 30 分钟安全撤离，无一人伤亡，这就是震惊中外的人员“零伤亡”的默戎奇迹。称其为“奇迹”，是因为当天的雨强已经破了纪录：5 个小时内降雨 203 毫米，其中 1 小时最大降雨量达 105 毫米。按照气象学上的规定，24 小时降雨 50 毫米就是暴雨级别。默戎镇的降雨，已经数倍于暴雨级别，为特大暴雨。加之默戎镇处于武陵山脉腹地，是典型的山区地形，属地质灾害易发区。一旦灾害发生，破坏力惊人，如果没有提前防范，极有可能出现群死群伤。从暴雨到泥石流暴发的短短两个小时内，成就“奇迹”的是当地气象部门及时发布的气象灾害预警信号，以及灾害防御措施的联动和落实，为人员撤出抢出了宝贵的时间。

气象灾害预警信号是指各级气象主管机构所属的气象台向社会公众发布的气象预警信息。气象灾害预警信号由名称、图标、发布标准和防御指南四个要素组成，包括台风、暴雨、暴雪、寒潮等 14 种灾害性天气，分别使用蓝色、黄色、橙色和红色四个颜色表示气象灾害的严重程度，从蓝至红分别表明灾害由弱到强。默戎镇事件中，发布的就是暴雨橙色和红色预警信号。

预警信号通常预警 0～12 小时内的短时临近的灾害性天气，尤其是在灾害已经发生并且将持续的时候，帮助我们判断目前的雨还将下多大、下多久。以暴雨为例，黄色预警信号表示 6 小时内降雨量将达到 50 毫米，或者已经达到并且可能持续；而橙色预警信号表示 3 小时内降雨量将达到 50 毫米，或者已经达到并且可能持续；红色预警信号则表示 3 小时内降雨量将达到 100 毫米，或者已经达到并且可能持续。

在 2021 年 7 月 20 日郑州特大暴雨当天，由于雨势过强、持续时间过长，郑州市气象局连发了 5 个暴雨红色预警信号，可见，密切关注预警信号的升级与解除，可能就意味着掌握了生死密码。

此外，你是否会有这样的疑惑：国家级、省级、市级、县级都有预警信号，甚至颜色还不相同，此时我们应该听哪个呢？答案是：以最接近你的最小行政级别的气象局发布的预警信号颜色为准，即你在县里，就听县气象局的。因为各级预警信号的发布各有时间和空间上的侧重，越接近本级的预警信号，在时间上和空间上都更精准。

最后，放上我国气象灾害预警信号“集体照”，来认识一下它们吧！（雹预警信号引自《雹预警信号修订标准（暂行）》（气预函〔2013〕34 号），其余引自中国气象局第 16 号令《气象灾害预警信号发布与传播办法》）

台风预警信号	
台风 蓝 TYPHOON	**台风蓝色预警信号** 标准：24 小时内可能或者已经受热带气旋影响，沿海或者陆地平均风力达 6 级以上，或者阵风 8 级以上并可能持续。
台风 黄 TYPHOON	**台风黄色预警信号** 标准：24 小时内可能或者已经受热带气旋影响，沿海或者陆地平均风力达 8 级以上，或者阵风 10 级以上并可能持续。

<table>
<tr><td></td><td>台风橙色预警信号
标准：12 小时内可能或者已经受热带气旋影响，沿海或者陆地平均风力达 10 级以上，或者阵风 12 级以上并可能持续。</td></tr>
<tr><td></td><td>台风红色预警信号
标准：6 小时内可能或者已经受热带气旋影响，沿海或者陆地平均风力达 12 级以上，或者阵风达 14 级以上并可能持续。</td></tr>
<tr><td colspan="2">暴雨预警信号</td></tr>
<tr><td></td><td>暴雨蓝色预警信号
标准：12 小时内降雨量将达 50 毫米以上，或者已达 50 毫米以上且降雨可能持续。</td></tr>
<tr><td></td><td>暴雨黄色预警信号
标准：6 小时内降雨量将达 50 毫米以上，或者已达 50 毫米以上且降雨可能持续。</td></tr>
<tr><td></td><td>暴雨橙色预警信号
标准：3 小时内降雨量将达 50 毫米以上，或者已达 50 毫米以上且降雨可能持续。</td></tr>
<tr><td></td><td>暴雨红色预警信号
标准：3 小时内降雨量将达 100 毫米以上，或者已达 100 毫米以上且降雨可能持续。</td></tr>
</table>

暴雪预警信号	
	**暴雪蓝色预警信号** 标准：12 小时内降雪量将达 4 毫米以上，或者已达 4 毫米以上且降雪持续，可能对交通或者农牧业有影响。
	**暴雪黄色预警信号** 标准：12 小时内降雪量将达 6 毫米以上，或者已达 6 毫米以上且降雪持续，可能对交通或者农牧业有影响。
	**暴雪橙色预警信号** 标准：6 小时内降雪量将达 10 毫米以上，或者已达 10 毫米以上且降雪持续，可能或者已经对交通或者农牧业有较大影响。
	**暴雪红色预警信号** 标准：6 小时内降雪量将达 15 毫米以上，或者已达 15 毫米以上且降雪持续，可能或者已经对交通或者农牧业有较大影响。
寒潮预警信号	
	**寒潮蓝色预警信号** 标准：48 小时内最低气温将要下降 8 ℃以上，最低气温小于等于 4 ℃，陆地平均风力可达 5 级以上；或者已经下降 8 ℃以上，最低气温小于等于 4 ℃，平均风力达 5 级以上，并可能持续。

	寒潮黄色预警信号 标准：24 小时内最低气温将要下降 10 ℃以上，最低气温小于等于 4 ℃，陆地平均风力可达 6 级以上；或者已经下降 10 ℃以上，最低气温小于等于 4 ℃，平均风力达 6 级以上，并可能持续。
	寒潮橙色预警信号 标准：24 小时内最低气温将要下降 12 ℃以上，最低气温小于等于 0 ℃，陆地平均风力可达 6 级以上；或者已经下降 12 ℃以上，最低气温小于等于 0 ℃，平均风力达 6 级以上，并可能持续。
	寒潮红色预警信号 标准：24 小时内最低气温将要下降 16 ℃以上，最低气温小于等于 0 ℃，陆地平均风力可达 6 级以上；或者已经下降 16 ℃以上，最低气温小于等于 0 ℃，平均风力达 6 级以上，并可能持续。
大风预警信号	
	大风蓝色预警信号 标准：24 小时内可能受大风影响，平均风力可达 6 级以上，或者阵风 7 级以上；或者已经受大风影响，平均风力为 6～7 级，或者阵风 7～8 级并可能持续。
	大风黄色预警信号 标准：12 小时内可能受大风影响，平均风力可达 8 级以上，或者阵风 9 级以上；或者已经受大风影响，平均风力为 8～9 级，或者阵风 9～10 级并可能持续。

	大风橙色预警信号 标准：6 小时内可能受大风影响，平均风力可达 10 级以上，或者阵风 11 级以上；或者已经受大风影响，平均风力为 10～11 级，或者阵风 11～12 级并可能持续。
	大风红色预警信号 标准：6 小时内可能受大风影响，平均风力可达 12 级以上，或者阵风 13 级以上；或者已经受大风影响，平均风力为 12 级以上，或者阵风 13 级以上并可能持续。
沙尘暴预警信号	
	沙尘暴黄色预警信号 标准：12 小时内可能出现沙尘暴天气（能见度小于 1000 米），或者已经出现沙尘暴天气并可能持续。
	沙尘暴橙色预警信号 标准：6 小时内可能出现强沙尘暴天气（能见度小于 500 米），或者已经出现强沙尘暴天气并可能持续。
	沙尘暴红色预警信号 标准：6 小时内可能出现特强沙尘暴天气（能见度小于 50 米），或者已经出现特强沙尘暴天气并可能持续。

高温预警信号	
	**高温黄色预警信号** 标准：连续三天日最高气温将在 35 ℃以上。
	**高温橙色预警信号** 标准：24 小时内最高气温将升至 37 ℃以上。
	**高温红色预警信号** 标准：24 小时内最高气温将升至 40 ℃以上。
干旱预警信号	
	**干旱橙色预警信号** 标准：预计未来一周综合气象干旱指数达到重旱（气象干旱为 25～50 年一遇），或者某一县（区）有 40% 以上的农作物受旱。
	**干旱红色预警信号** 标准：预计未来一周综合气象干旱指数达到特旱（气象干旱为 50 年以上一遇），或者某一县（区）有 60% 以上的农作物受旱。
雷电预警信号	
	**雷电黄色预警信号** 标准：6 小时内可能发生雷电活动，可能会造成雷电灾害事故。

	雷电橙色预警信号 标准：2 小时内发生雷电活动的可能性很大，或者已经受雷电活动影响，且可能持续，出现雷电灾害事故的可能性比较大。
	雷电红色预警信号 标准：2 小时内发生雷电活动的可能性非常大，或者已经有强烈的雷电活动发生，且可能持续，出现雷电灾害事故的可能性非常大。
冰雹预警信号	
	冰雹橙色预警信号 标准：6 小时内可能出现冰雹天气，并可能造成雹灾。
	冰雹红色预警信号 标准：2 小时内出现冰雹可能性极大，并可能造成重雹灾。
霜冻预警信号	
	霜冻蓝色预警信号 标准：48 小时内地面最低温度将要下降到 0 ℃以下，对农业将产生影响，或者已经降到 0 ℃以下，对农业已经产生影响，并可能持续。
	霜冻黄色预警信号 标准：24 小时内地面最低温度将要下降到零下 3 ℃以下，对农业将产生严重影响，或者已经降到零下 3 ℃以下，对农业已经产生严重影响，并可能持续。

	霜冻橙色预警信号 标准：24 小时内地面最低温度将要下降到零下 5 ℃以下，对农业将产生严重影响，或者已经降到零下 5 ℃以下，对农业已经产生严重影响，并将持续。
大雾预警信号	
	大雾黄色预警信号 标准：12 小时内可能出现能见度小于 500 米的雾，或者已经出现能见度小于 500 米、大于等于 200 米的雾并将持续。
	大雾橙色预警信号 标准：6 小时内可能出现能见度小于 200 米的雾，或者已经出现能见度小于 200 米、大于等于 50 米的雾并将持续。
	大雾红色预警信号 标准：2 小时内可能出现能见度小于 50 米的雾，或者已经出现能见度小于 50 米的雾并将持续。
霾预警信号	
	霾黄色预警信号 标准：预计未来 24 小时内可能出现下列条件之一并将持续或实况已达到下列条件之一并可能持续： （1）能见度小于 3000 米且相对湿度小于 80% 的霾。 （2）能见度小于 3000 米且相对湿度大于等于 80%，$PM_{2.5}$ 浓度大于 115 微克 / 米 ^{3} 且小于等于 150 微克 / 米 ^{3}。 （3）能见度小于 5000 米，$PM_{2.5}$ 浓度大于 150 微克 / 米 ^{3} 且小于等于 250 微克 / 米 ^{3}。

<table>
<tr><td>
</td><td>霾橙色预警信号
标准：预计未来 24 小时内可能出现下列条件之一并将持续或实况已达到下列条件之一并可能持续：
（1）能见度小于 2000 米且相对湿度小于 80% 的霾。
（2）能见度小于 2000 米且相对湿度大于等于 80%，$PM_{2.5}$ 浓度大于 150 微克 / 米^3 且小于等于 250 微克 / 米^3。
（3）能见度小于 5000 米，$PM_{2.5}$ 浓度大于 250 微克 / 米^3 且小于等于 500 微克 / 米^3。</td></tr>
<tr><td>
</td><td>霾红色预警信号
标准：预计未来 24 小时内可能出现下列条件之一并将持续或实况已达到下列条件之一并可能持续：
（1）能见度小于 1000 米且相对湿度小于 80% 的霾。
（2）能见度小于 1000 米且相对湿度大于等于 80%，$PM_{2.5}$ 浓度大于 250 微克 / 米^3 且小于等于 500 微克 / 米^3。
（3）能见度小于 5000 米，$PM_{2.5}$ 浓度大于 500 微克 / 米^3。</td></tr>
<tr><td colspan="2">道路结冰预警信号</td></tr>
<tr><td>
</td><td>道路结冰黄色预警信号
标准：当路表温度低于 0 ℃，出现降水，12 小时内可能出现对交通有影响的道路结冰。</td></tr>
<tr><td>
</td><td>道路结冰橙色预警信号
标准：当路表温度低于 0 ℃，出现降水，6 小时内可能出现对交通有较大影响的道路结冰。</td></tr>
<tr><td>
</td><td>道路结冰红色预警信号
标准：当路表温度低于 0 ℃，出现降水，2 小时内可能出现或者已经出现对交通有很大影响的道路结冰。</td></tr>
</table>

气象生活小妙招

23. 日照时数和防晒有关系吗

日照时数是指太阳直接辐照度达到或超过 120 瓦 / 米 ^{2} 的各段时间的总和。一般来说，我国北方尤其是高原地区，地表多荒漠，无阻挡物，风力也大，导致大气较稀薄，日照时数长；而南方多低矮丘陵和平原，大气较厚，尤其是四川盆地，因为地形污染物不易扩散，大气能见度低，到达地面的太阳辐射少，日照时数也少。可见日照时数受地形和天气条件影响很大。

而防晒主要防的是紫外线，透过臭氧层到达地面的紫外线可使皮肤出现红斑、色素沉着等，大大增加患皮肤癌的风险。紫外线主要与臭氧层厚度、气溶胶、天气因素、太阳高度角、海拔高度有关。在天气因素中，云对紫外线的影响最大，云量越多，紫外线越容易被削弱，当总云量为 4 成以下时，削弱不是很明显，超过 6 成时，紫外线辐射可消减 50% 以上。

按照气象行业标准，紫外线强度分为 5 级，数值越大表示强度越强。

紫外线强度和指数的关系

级别	紫外线指数	紫外线辐射强度	人体皮肤晒红时间（分钟）	需采取的防护措施
1	0, 1, 2	最弱	100~180	不需要采取防护措施
2	3, 4	弱	60~100	可以适当采取一些防护措施，如涂擦防护霜等
3	5, 6	中等	30~60	外出时戴好遮阳帽、太阳镜和太阳伞等，涂擦 SPF 指数大于 15 的防晒霜
4	7, 8, 9	强	20~30	外出时戴好遮阳帽、太阳镜和太阳伞等加强防护，涂擦 SPF 指数大于 15 的防晒霜，上午 10 点至下午 4 点避免外出，或尽可能在遮荫处
5	10 和 >10	很强	<20	尽可能不要在室外活动，必须外出时，要采取各种有效的防护措施

在其他条件不变的情况下，如果遇到阴雨或云雾天气，UVA 和 UVB 波段的紫外线依然能透过大气层到达地面。尤其是高纬度地区的冬天，即使日照时数短，但是由于地球处于近日点，紫外线反而更强，防晒工作依然不能放松警惕。

24. 强对流天气到底有多强

强对流天气是因大气中存在强烈的垂直运动而导致的天气现象。其之“强”，主要在于发生突然、天气剧烈、破坏力极大。强对流天气共分为短时强降水、雷暴大风、冰雹和龙卷四类。

短时强降水：在很短时间内（通常不超过 1 小时）出现的雨强较大的对流性降水，雨强达 20 毫米 / 时（含）以上。

雷暴大风：伴随雷暴、雷雨出现的对流性大风，风速达 17.2 米 / 秒（含）以上。

冰雹：坚硬的球状、锥状或形状不规则的固态降水。

龙卷：从积状云底延伸到陆面或水面的快速旋转空气柱，大气圈名副其实的“灭霸”，虽生命史短暂，但破坏力极强。

如果把冷空气、副热带高压等影响几百公里甚至上千公里，在空间上有绝对优势的大系统比作大西瓜，强对流天气可能就是个小芝麻，属于中小尺度系统，影响范围可以小到几十公里甚至几公里，生命史可以短到几分钟。但是，这丝毫不影响其天气的剧烈。如，2021 年 4 月 30 日江苏南通雷暴大风达到 15 级，风速接近 50 米 / 秒，相当于台风量级。2021 年 7 月 20 日河南郑州短时强降水超过 200 毫米 / 时，其小时降水量已经突破中国大陆历史极值。

正因为强对流天气具有历时短、天气剧烈、破坏性强的特性，认识其活动规律及做出准确预报一直是国际气象界面临的挑战性难题之一。当前，针对强对流天气的精准预报，更多依赖于临近的滚动预报，提前量只有几分钟到几十分钟。虽然我们对这类天气形成机理的认识还十分有限，但可以从社会响应力度和响应效率方面进行提升，趋利避害，将灾害的损失降到最小。

25. 到底是雾是霾还是雾霾

预计，19日早晨至上午，河南中东部、安徽中北部、湖北中南部、湖南大部、浙江西部、江西北部、贵州中东部、四川盆地西部和北部等地有大雾天气，其中河南东部、安徽中北部、湖北中南部、湖南中北部、贵州东部等地的部分地区有能见度不足200米的强浓雾，局地有能见度不足50米的特强浓雾。

这是我们常见的大雾预警。近年来，媒体经常出现“雾霾预报”的说法。其实，“雾”和“霾”是属于两种气象观测项目，在世界气象组织的观测规范中有着不同的符号和编码。因此，雾和霾完全是两回事，不能混为一谈。

雾可理解为“接地的云”，有边界，颜色偏白色。雾中为水滴聚集，细小的水珠会造成能见度下降。随着温度的升高，雾会随之消失。霾则相对干燥，是由浮游在大气中的颗粒或者灰尘组成，只要无风，霾就可以稳定存在。

现在公众和媒体习惯将“霾”叫做“雾霾”，其实，“雾霾”一词如改为“灰霾”更贴切。这里的“灰”不是“灰色”的灰，而是“灰尘”的灰。

另外，$PM_{2.5}$ 并非特指有毒的可吸入颗粒物。PM 是英语“particulate matter”的缩写，意思是“颗粒物”，2.5 代表这个颗粒物的直径小于或等于 2.5 微米。同理，PM_{10} 是代表直径小于或等于 10 微米的颗粒物。所以，$PM_{2.5}$ 仅仅是表示某种尺寸的颗粒物而已。其中，PM_{10} 以上直径的颗粒物，可以在空气中悬浮一段时间；而 $PM_{2.5}$ 因尺寸非常小，因此可以在空气中悬浮相当长一段时间，被人体吸入的概率就大。而悬浮颗粒物可能是有毒的，也可能是无毒的，甚至可能包含有一些有益的微量元素。

26. 东北冷涡冷吗

东北冷涡，顾名思义，老家在东北，生成后也集中在东北地区活动，它是一个造成东北地区出现突发性强对流天气的重要天气系统。东北冷涡是一个深厚的冷性气柱，呈逆时针方向不断旋转，在它旋转的过程中，会有一股股冷空气“甩”出来。因为移动缓慢，维持时间比较长，常常带来连续数日的低温阴雨天气，是东北地区低温冷害、持续阴雨洪涝、冰雹和雷雨大风等突发性强对流天气的“罪魁祸首”。可以说，东北冷涡本身是冷性的，其导致的天气，也不可避免的带有“冷”的特质。

东北冷涡一年四季都可能出现，夏季出现的概率要明显大于冬季。春夏季节，东北冷涡带来大风降温天气，对农牧业生产危害极大。它造成的低温影响水稻、高粱、玉米、大豆等作物的春播或幼苗的发育生长，因而造成秋粮减产。6 月份的低温，会使农作物不能正常生长而推迟生育期；8 月份的低温，会使正处在灌浆、乳熟干物质积累阶段，正需温度高、阳光充足的天气的农作物籽粒不饱满或空壳而减产。

另外，在冬春两季，东北冷涡也可能导致沙尘、寒潮、大风降温等天气，大风会吹散雾和霾，让天空重现“冷涡蓝”，十足的“高冷霸气”。

27. 送你一份穿衣指南

一般来说，人在静止不动的时候，体内、皮肤、衣服和空气间存在一个微气候，即人体与衣服间的温差小于2 ℃，不会有多余的热量散失，否则就会感到不适，需要加衣保暖。那么，保暖加衣的原则是什么呢？下面这份穿衣指南送给你。

穿衣指数是根据季节、气温、空气湿度、风及天气状况等多个因子拟合确定一个综合性的参数，对人们适宜穿着的服装进行分级，以提醒人们根据天气变化适当着装。根据中国气象局发布的《穿衣气象指数》（QX/T 385—2017）气象行业标准，穿衣气象指数共分8级。温度较低、风速较大，则穿衣指数级别较高；指数越小，穿衣的厚度越薄。具体分级如下：

一级　轻棉织物制作的短衣、短裙、薄短裙、短裤。

二级　棉麻面料的衬衫、薄长裙、薄T恤。

三级　单层棉麻面料的短套装、T恤衫、薄牛仔衫裤、休闲服、职业套装。

四级　套装、夹衣、风衣、休闲装、夹克衫、西装、薄毛衣。

五级　风衣、大衣、夹大衣、外套、毛衣、毛套装、西装、防寒服。

六级　棉衣、冬大衣、皮夹克、外罩大衣、厚毛衣、皮帽皮手套、皮袄。

七级　棉衣、冬大衣、皮夹克、厚呢外套、呢帽、手套、羽绒服、皮袄。

八级　棉衣、冬大衣、皮夹克、厚呢外套、呢帽、手套、羽绒服、裘皮大衣。

一般来说，在风速为 0.5 米 / 秒的情况下，人体的“生理零度”——即体感不冷不热的温度是 27 ℃左右。所以，如果想要保持令人舒适的温度，掌握常用的衣物对应的保暖指标无疑是一个便捷的办法，因此，一套简版的穿衣指南可供参考：

厚款羽绒服相当于 9 ℃；

薄款羽绒服相当于 6 ℃；

稍厚的弹力絮棉衣相当于 5 ℃；

厚羊毛衫、棉背心相当于 4 ℃；

抓绒衣、薄外套相当于 3 ℃；

针织衫相当于 2 ℃；

薄短袖相当于 1 ℃。

由此可见，只要将人体的“生理零度”27 ℃减去当天气温，再参照上述简版的穿衣指南，即可知道在当前的天气下该怎么穿衣服了。举个例子，如果室外温度是 23 ℃，那么穿一件薄短袖再加一件薄外套就可以，因为 23 ℃ +1 ℃ +3 ℃ =27 ℃。若是刮风的天气应再增加 2 ℃为佳。